肇州县精细化农业气候区划

谢永德　王　雷等　编著

气象出版社
China Meteorological Press

图书在版编目(CIP)数据

肇州县精细化农业气候区划/谢永德,王雷等编著.--北京:
气象出版社,2016.4

ISBN 978-7-5029-6156-5

Ⅰ.①肇… Ⅱ.①谢… ②王… Ⅲ.①农业区划-气候
区划-肇州县 Ⅳ.①S162.223.54

中国版本图书馆 CIP 数据核字(2016)第 018305 号

出版发行:气象出版社	
地　　址:北京市海淀区中关村南大街 46 号	邮政编码:100081
电　　话:010-68407112(总编室)　010-68409198(发行部)	
网　　址:http://www.qxcbs.com	**E-mail:**　qxcbs@cma.gov.cn
责任编辑:吴庭芳	**终　　审:**邵俊年
责任校对:王丽梅	**责任技编:**赵相宁
封面设计:博雅思企划	
印　　刷:北京地大天成印务有限公司	
开　　本:880mm×1230mm　1/32	印　　张:3.25
字　　数:63 千字	
版　　次:2016 年 4 月第 1 版	印　　次:2016 年 4 月第 1 次印刷
定　　价:20.00 元	

《肇州县精细化农业气候区划》
编委会

谢永德　王　雷　靳会梅　高墨砚

安　菲　任　燕　冯振宇　孙　勇

张明思　孙　磊　王永慧　李　琪

王桂玲　张正富　王立军

引　言

　　气候资源是农业生产的重要自然资源之一。只有对当地的气候资源进行全面了解，掌握其分布和变化规律，才能确定与当地气候条件相适应的种植制度，合理布局作物的种类和品种，采用适宜的栽培措施，充分合理地利用气候资源。农业气候区划就是完成上述任务的一项不可或缺的科学工作。

　　意识到气候资源分析的重要性，20 世纪 80 年代肇州县气象局完成了第一次农业气候区划。但是随着农村经济的发展和气候的变迁，原有的区划图已经显得不够精准。于是从 2014 年底开始，我们组织进行了第二次农业气候区划工作。根据气候学原理，结合经度、纬度、高程、坡向、坡度和开阔度等地形因子，建立了细网格光、温、水等气候要素值的统计学方程，进而推算出网格点上的气候要素值。同时，在对特色农作物生物气象指标广泛调研的基础上，结合细网格气候资源数据进行重点作物及品种农业气候区划。这些区划成果在指导县农业种植结构调整和合理利用气候资源方面都发挥了非常重要的作用。

　　本次农业气候区划，立足现代农业的实际需求，结合本地实际，以地理位置（经度、纬度、海拔高度）为自变量，以气候要素为函数,建立适合本地的经验模式,从而形成本地网格化气候区划模式,细化到村屯。它将在今后的农业生产中具有更可靠的指导意义。本次精细化农业气候区划成果将为未来10年乃至更长时间肇州气候资源合理利用、开发、种植业结构调整及工农业生产、环境评估等方面提供科学依据。

在本书的编撰过程中得到了黑龙江省气象局应急与减灾处、大庆市气象局、嫩江县气象局、安达市气象局、肇东市气象局、肇州县农委等部门的大力支持,在此一并表示感谢。

作者

2015 年 10 月

目　　录

第一章　自然环境

一、地理概况

大庆市肇州县位于黑龙江省西南部,大庆市东南部。地跨东经 124°48′12″～125°48′03″,北纬 45°35′02″～46°16′08″。南部与肇源县接壤,东部与肇东市毗邻,北部与安达市交界,西部与大同区相连(图 1.1)。

肇州县幅员 2445 平方千米,现有耕地 222 万亩*,林地 32.2 万亩,草原总面积 85 万亩。肇州县域境内以平原为主,北部海拔地势较高,海拔高度 220～228 米,中部为丘陵漫岗,海拔高度 127～135 米;其他为平原区,海拔高度 170～180 米。境内位于萨尔图闭流区,没有明显的河流,多内陆积水性湖泡,水资源贫乏(图 1.2,图 1.3)。

肇州县域境内土壤主要以碳酸盐黑钙土和碳酸盐草甸黑钙土为主,土壤 pH 值为 8.02。有机质含量高、蓄水能力强,

---

　　*　1 亩≈666.7 平方米

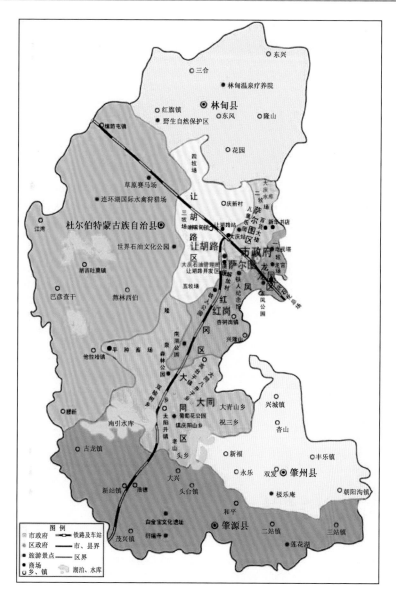

图 1.1   大庆市行政区划图

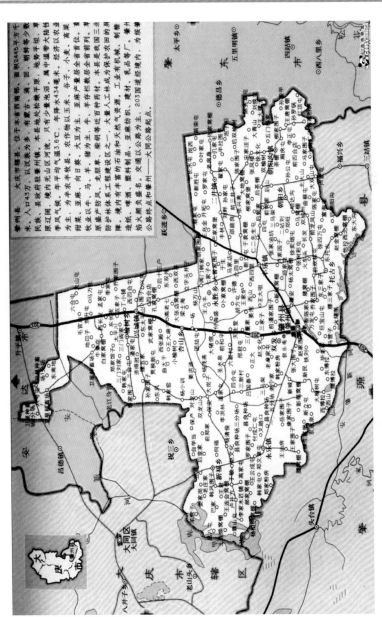

图1.2 肇州县行政区划图

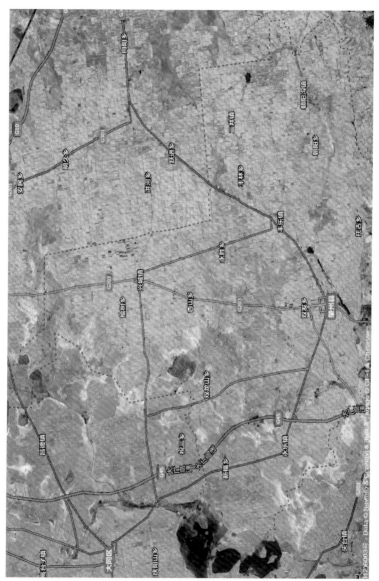

图1.3　肇州县地形图

自然条件优越。耕地适宜种植玉米、高粱、花生、葵花、绿豆、芸豆等作物,属于杂粮产区。

全县有 14 个乡镇场,104 个行政村,732 个自然屯,总人口 46.7 万人。

二、基本气候特征

肇州县位于中纬度,属温带大陆性季风气候,受大陆和海洋季风的交替影响,四季特点十分明显:春季干旱多风,夏季炎热多雨,秋季短暂霜早,冬季寒冷漫长。全县多年平均气温在 4.6℃左右,南北温差 1.2℃(图 1.4);≥10℃活动积温在 2796.6~3134.1℃·日之间,多年平均值为 2933.6℃·日;多年平均无霜期为 140 天;多年平均降水量 458.3 毫米(图 1.5);多年平均日照时数为 2855.7 小时;最多风向为西北风,其次为南风和西南风。

肇州县南部属于第一农业气候区,该区域≥10℃积温≥2900℃·日,并且年降水量≥450 毫米;北部属于第二农业气候区,该区域≥10℃积温<2900℃·日,年降水量<450 毫米(图 1.6)。

1. 春季

气温变幅大,干燥,少雨,多风,易旱。

春季(3—5 月)是由严寒的冬季到炎热的夏季的过渡季节,冷暖空气往复交替,天气变化多端,肇州县春季气候主要

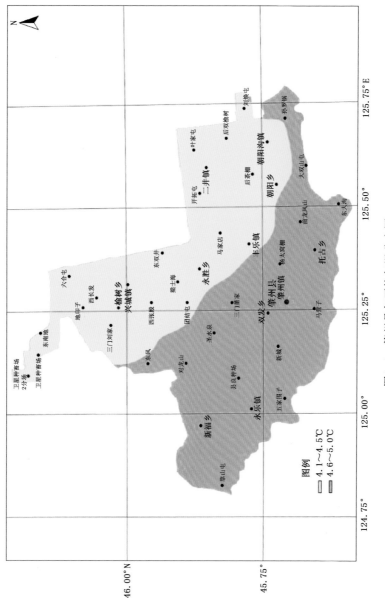

图1.4　肇州县年平均气温分布图

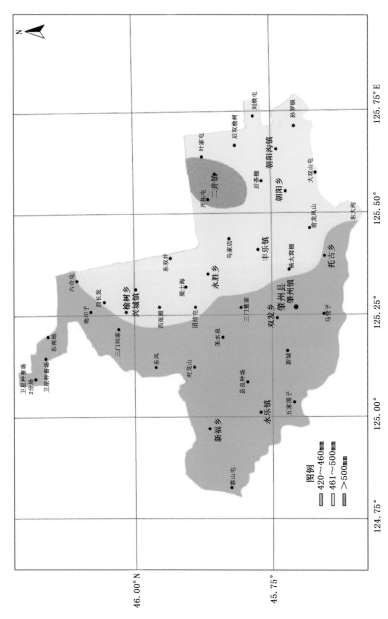

图1.5 肇州县年平均降水量分布图

图例
420～460mm
461～500mm
>500mm

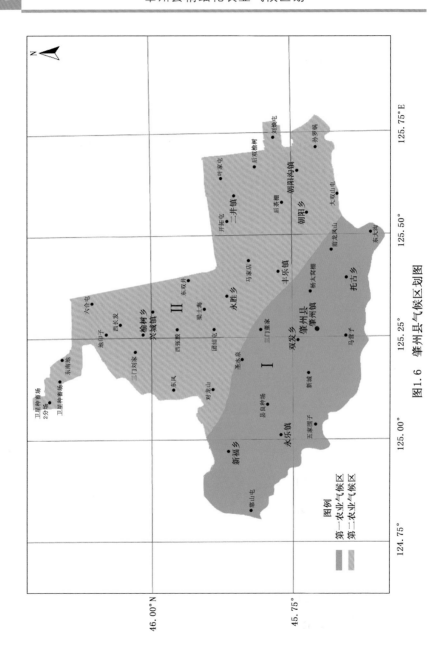

图1.6　肇州县气候区划图

有以下几个特点：

（1）气温变化幅度大

人们一般把春季作为一年之始，万象更新，生机勃勃，但是春季也是一年之中天气变化幅度最大的时期，是气温乍暖还寒和冷暖骤变的时期。气温的日较差和月较差的最大值都出现在春季（图 1.7），肇州县春季气温的日较差平均值13.0℃，最大值达 24.2℃，因此，在季节转化的多变时节要随时注意天气的变化，注意灾害性天气的发生。

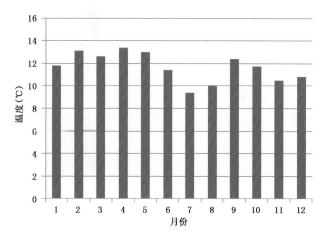

图 1.7 肇州县气温各月平均日较差

（2）空气干燥多大风

春季正处于大气环流调整期，冷暖空气活动频繁。除了气温变化幅度较大外，空气干燥（图 1.8）并多有大风天气的发生也是气候变化的另一特点。

春季的冷暖空气都很活跃，经常出现大风天气，其特点

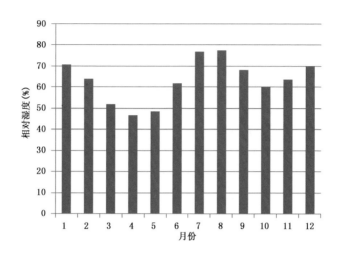

图 1.8　肇州县各月平均相对湿度变化

是:南北大风交替出现,风力较大。一般来说,3月下旬到4月
大风天气出现的频率是全年最大的,5月以后出现的频率有所
减少。一次大风天气的到来,会引起气温的骤变,同时降低了
空气湿度,是感冒、鼻炎、关节炎、呼吸系统疾病的多发时段。

(3)少雨、易旱

统计肇州县域内现有气象观测站的资料,春季降水量仅
占全年总降水量的13.2%,加上这一阶段耕地为裸地,平均
风速大,蒸发量又明显大于降水量,故易出现干旱现象,素有
"十年九春旱"的说法。

从图1.9可以看出:肇州县春季主导风向为西北风,其次
是南西南风。肇州县春季多大风天气,空气湿度小,给春季抗
旱和森林防火工作带来不利影响。

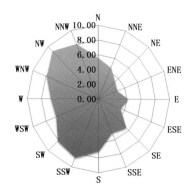

图1.9　肇州县30年平均春季风玫瑰图

2.夏季

雨热同季,旱涝变化大。

由于太阳高度角的不断增大,内陆升温,加之东南季风的不断影响,形成了夏季雨热同季的气候特点。

（1）热量充足

肇州县与同纬度地区相比较,是热量较多的地区之一。历年7月的平均气温为23.1℃（见表1.1）,7月的平均最高气温为28.0℃,2001年6月4日出现了极端最高气温为39.0℃的酷热天气。

表1.1　肇州县7月平均气温、平均最高气温　　　单位:℃

月份	平均气温	平均最高气温
7	23.1	28.0

（2）降水集中

夏季（6—8月）平均降水量为326.2毫米,占全年总降水量的 71.1%,其中 7 月降水量为 133.6 毫米,降水集中,气候湿润,作物生长繁茂。

（3）雨热同季

夏季不但热量充足,而且降水比较充沛,水热条件呈同步配置,可谓雨热同季,此时正值作物的积极生长期,为当地的农业生产提供了优越的气候条件。

3.秋季

秋高气爽,干燥,大风天气多,主导风向以南风和西北风为主(图 1.10),昼夜温差大,易发生森林火灾。

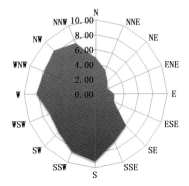

图 1.10　肇州县 30 年平均秋季风玫瑰图

（1）秋高气爽

最能高度概括肇州县秋季气候特点的一个词就是秋高气爽。秋季(9—11 月)的降水量仅有 65.2 毫米,占全年降水量的 14.2%,空气干燥;冷暖空气交替活跃,季节交替时间短暂。

（2）昼夜温差大

日暖夜凉,昼夜温差大,有利于作物的干物质和糖分的积累,以及作物成熟,为粮豆生产的优质、高产提供了条件。

4.冬季

受大陆季风的影响,冬季（12月—次年2月）气候寒冷、漫长,冬季主导风向为西北风（图1.11）。

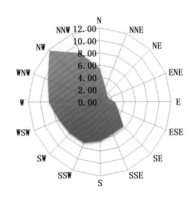

图 1.11 肇州县 30 年平均冬季风玫瑰图

（1）严寒

肇州县是黑龙江省及同纬度地区冬季最为寒冷的地区之一。其中1月最为寒冷,多年平均气温为−18.0℃,平均最低气温为−30.1℃,2001年1月12日出现了极端最低气温为−40.7℃的酷寒天气。

（2）漫长

按平均气温稳定低于0℃来计算,冬季长达150天,占全年的三分之一以上。

三、气候变化

我们统计了肇州县域内及周边气象站近 30 年（1981—2010 年）的气候、地理信息、气象灾害、农业、水文资料，分析肇州县近 30 年来气候变化特征。通过数理统计分析，建立气象要素模型，形成千米网格资料查询模式。分析结果显示，近 30 年来，肇州县气候发生了较大变化，主要表现在：气温近年升高，热量增加，降水减少，无霜期延长，相对湿度减小，蒸发量增加，极端天气事件增多，重大气象灾害频发且强度增大等变化。

1. 气温升高

（1）平均气温的年变化

肇州县多年平均气温为 4.6℃，从图 1.12 中可以看出，20 世纪 80 年代大多低于平均气温线，最低值为 1985 年 3.1℃；90 年代趋于平均略高；近十年的平均气温变化较大，最高值出现在 2007 年，为 6.3℃。总的来说，肇州县近 30 年平均气温的年变化为稳中渐升。

（2）平均气温的季变化

从表 1.2 中可以看出，肇州县四季近十年平均气温均是升高的，但季节间升幅不同，春季升温 0.4℃，夏季 0.3℃，秋季 0.6℃，冬季 0.1℃。秋季平均气温升高最多，因此近十年

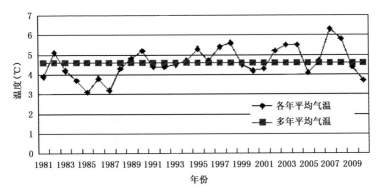

图 1.12 肇州县近 30 年平均气温变化图

表 1.2 肇州县近 30 年平均气温的季变化 单位：℃

四季	春	夏	秋	冬
近 10 年平均	7.0	22.2	5.8	−15.1
30 年均值	6.6	21.9	5.2	−15.2
近十年与 30 年均值距平	0.4	0.3	0.6	0.1

夏季高温,秋季"自老山"*年份增多,充足的热量条件是近年来农业增收的主要因素。

(3)平均气温的月变化

从表 1.3 中可以看出:近十年月平均气温与 30 年均值比,只有 12 月是略降的趋势,距平值为−0.3℃,其余各月都是升高的趋势,升温 0.1~1.0℃。其中 9 月升温最明显,升温 1.0℃,其次是 5 月、6 月、10 月,升温 0.6~0.7℃。

---

* 当地方言,指秋后天气迟迟不见冷,庄稼充分生长,自然完成一个生命周期、成熟在大地里。

表 1.3　肇州县月平均气温变化表　　　　单位:℃

月份 项目	1月	2月	3月	4月	5月	6月
30年平均气温	−18.0	−12.7	−3.2	7.5	15.4	21.1
近十年平均气温	−17.5	−12.6	−2.9	7.7	16.1	21.8
近十年与30年均值距平	0.5	0.1	0.3	0.2	0.7	0.7
近十年与80年代距平	0.9	1.4	0.7	0.4	1.3	1.3
近十年与90年代距平	−0.4	−1.1	0.2	0.1	0.8	0.7
月份 项目	7月	8月	9月	10月	11月	12月
30年平均气温	23.1	21.6	15.0	6.2	−5.6	−15.0
近十年平均气温	23.2	21.7	16.0	6.8	−5.3	−15.3
近十年与30年均值距平	0.1	0.1	1.0	0.6	0.3	−0.3
近十年与80年代距平	0.6	0.2	1.8	1.1	0.5	−0.7
近十年与90年代距平	−0.4	0.1	1.1	0.7	0.5	−0.3

　　近十年各月平均气温与 20 世纪 80 年代相比,除 12 月是略降的趋势(距平为−0.7℃)外,其余各月均是升高趋势,距平值在 0.2~1.8℃。近十年各月平均气温与 90 年代比,1 月、2 月、7 月和 12 月是降温趋势,距平分别为−0.4℃、−1.1℃、−0.4℃和−0.3℃;其余各月气温均是升高的趋势,距平值在 0.1~1.1℃(图 1.13)。

　　(4)日较差变化

　　从肇州县近 30 年日较差年变化(图 1.14)可以看出,20

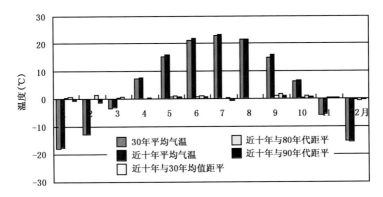

图 1.13　肇州县近十年平均气温与 30 年均值和 80、90 年代均值距平图

世纪 80 年代和 90 年代的变化不大,近十年日较差才有明显起伏,但总的来说,近 30 年的日较差年变化不大,呈平稳下滑趋势。

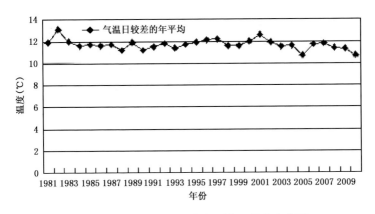

图 1.14　肇州县近 30 年年平均日较差变化图

2.积温增加

(1)积温的年际变化特征

从表 1.4 中可以看出,近十年 ≥10℃ 积温值比 30 年均值

增加了 182.7℃·日;与 20 世纪 80 年代比增加了 307.8℃·日;与 90 年代比增加了 140.4℃·日。

表 1.4　肇州县近 30 年 $T \geqslant 10$℃积温变化表　　单位:℃·日

	80 年代均值	90 年代均值	近十年均值	近 10 年与 80 年代距平	近 10 年与 90 年代距平	近 10 年与 30 年距平
$\geqslant 10$℃积温	2780.0	2947.4	3087.8	307.8	140.4	182.7

（2）积温的旬变化特征

从表 1.5 中可以看出,近十年的各旬平均积温与 30 年均值相比,均呈小幅增加的趋势,从 5 月上旬开始到 9 月下旬,增加值范围在 -0.1～1.5℃·日;近十年的各旬积温与 80 年代相比,除 8 月上旬下降 0.5℃·日,其余呈增加的趋势,增加的幅值在 0.0～2.4℃·日;近十年各旬积温与 90 年代相比,上下变化较剧烈,变化的幅值在 -0.5～2.3℃·日。从各年

表 1.5　肇州县近十年 $T \geqslant 10$℃积温的旬平均增加情况　　单位:℃·日

积温的旬平均变化	5 月			6 月			7 月		
	上	中	下	上	中	下	上	中	下
近十年与 30 年均值距平	0.7	0.6	0.8	0.7	0.3	1.0	0.1	0.0	-0.1
近十年与 80 年代距平	0.8	2.0	1.1	0.7	1.5	1.8	0.6	1.0	0.0
近十年与 90 年代距平	1.4	-0.2	1.3	1.5	-0.5	1.3	-0.2	-1.0	-0.2

续表

积温的旬平均变化	8月			9月				
	上	中	下	上	中	下		
近十年与30年均值距平	−0.1	0.5	0.0	0.2	1.5	1.0		
近十年与80年代距平	−0.5	0.9	0.3	0.7	2.1	2.4		
近十年与90年代距平	0.2	0.6	−0.4	0.1	2.3	0.7		

代间的比较可以看出，近十年与80年代相比积温增加的最多为2.4℃·日，其次是90年代，增加值为2.3℃，与30年均值比增加的最少，为1.5℃·日。

（3）日平均气温≥10℃的初、终日和持续日数变化情况

从表1.6中可以看出：近10年日平均气温≥10℃持续日数比30年均值增长6天，但积温增加180.0℃·日，说明肇州县气候明显变暖，升温幅度较大，尤其是夏季和秋季更为明显。

表1.6 肇州县日平均气温≥10℃的初、终日各年代变化

年代	初日	终日	持续日数
近十年平均	4月29日	10月2日	157
80年代均值	5月5日	9月25日	144
90年代均值	5月3日	10月1日	153
近十年与30年均值距平	提前4天	推后2天	延长6天
近十年与80年代距平	提前6天	推后7天	延长13天
近十年与90年代距平	提前4天	推后1天	延长5天

3.降水减少

（1）年降水量变化

从表 1.7 中可以看出，近十年的年平均降水量与历年均值相比都是减少的，减少的幅度在 46.6～91.9 毫米之间。其中减少最少的是与 30 年平均值相比，减少 46.6 毫米；减少最多的是与 80 年代平均值相比，减少 91.9 毫米。

表 1.7　肇州县近十年年降水量变化表　　单位：毫米

	近十年平均降水量	30 年平均降水量	比 30 年均值的减少量	80 年代平均降水量	比 80 年代的减少量	90 年代降水量	比 90 年代的减少量
年降水量变化	411.7	458.3	46.6	503.6	91.9	459.6	47.9

（2）季降水量变化

从表 1.8 中可以看出：与 30 年平均值相比，近十年年平均降水量是减少的，其中减少最多的是秋季，同比减少 27.8%；其次是夏季，同比减少 12.9%；而春、冬两季是增加的，同比分别增加 19.7% 和 14.8%。

表 1.8　肇州县近十年季平均降水量与 30 年均值距平百分率表　　单位：毫米

	年	春	夏	秋	冬
近十年	411.7	72.3	284.1	47.1	7.0
30 年均值	458.3	60.4	326.2	65.2	6.1
距平百分率/%	−10.2	19.7	−12.9	−27.8	14.8

（3）月降水量变化

以肇州本站为例来分析近十年降水量月变化。近十年与

30年均值相比,1月、3—6月和11—12月降水量增加0.4~9.9毫米,2月、7—10月降水量减少0.3~33.0毫米。

从表1.9中可以看出,近十年与20世纪80年代和30年均值相比的趋势基本一致,1月、3—6月和11—12月降水量增加1.2~16.8毫米,2月、7—10月降水量减少1.2~55.7毫米。

表1.9　肇州县近十年各月降水量距平表　　　　单位:毫米

	1月	2月	3月	4月	5月	6月
与30年均值距平	0.9	−0.3	1.7	3.8	6.3	9.9
与80年代距平	1.2	−1.2	1.8	1.8	12.9	16.8
与90年代距平	1.6	0.3	3.4	9.5	6.1	12.9
	7月	8月	9月	10月	11月	12月
与30年均值距平	−19.0	−33.0	−15.8	−2.6	0.4	1.1
与80年代距平	−39.1	−55.7	−32.2	−1.6	1.6	1.8
与90年代距平	−17.8	−43.3	−15.3	−6.4	−0.4	1.6

近十年与90年代比,1—6月和12月降水量增加0.3~12.9毫米,7—11月减少0.4~43.3毫米。

从图1.15中很清楚地看出,近十年各月降水量的变化情况:1月、2月、3月、4月、6月、11—12月是增加的,降水量距平值为正值,7—10月降水量距平值均为负值,是减少的。

综合来看,肇州县近十年的降水量与30年均值、20世纪80年代及90年代相比呈减少趋势;从季节上分析,冬、春季是增多的趋势,夏、秋季是减少的趋势;从逐月分布上分析,7—10月是减少的趋势,11月、12月至翌年6月是增多的趋

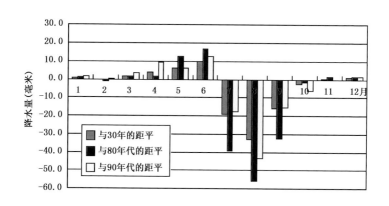

图 1.15　近十年肇州县各月平均降水量距平

势。6月份的降水增多,容易形成内洪;7月开始降水减少,秋季少雨有利于作物的成熟和收获。但是近年来降水时空分布不均,常出现短时局地突发性强降水,使防灾减灾工作难度增大,预报预警工作面临新的挑战。

4.无霜期延长

(1)近30年无霜期变化

从表1.10中可以看出,近十年无霜期与20世纪各年代比,均是增长的,只是增加的幅度各年代略有差异,与80年代的差距最大,为16天,次之为90年代的15天。

表 1.10　　肇州县近30年无霜期变化表　　　　单位:天

	30年均值	80年代均值	90年代均值	近十年均值	近十年与80年代距平	近十年与90年代距平	近十年与30年均值距平
无霜期	141	135	136	151	16	15	10

（2）初、终霜日和长度变化情况

从表1.11中可以看出：肇州县近十年的初霜日期与30年均值相比偏晚4天，比20世纪80年代和90年代均推后6天。

表 1.11　肇州县初、终霜日近十年与各年代距平表　　单位：天

肇州	初日	终日	减少日数
近10年均值与80年代距平	−6	9	6
近10年均值与90年代距平	−6	10	17
近10年均值与前30年均值距平	−4	6	11

近十年的终霜日期与30年均值相比提前6天，与90年代相比提前10天，与80年代相比提前9天。

由于肇州近十年的初霜日期推后、终霜日期提前，使得无霜期延长两周左右。与各年代比较，无霜期延长最多的是与90年代相比，延长17天，其次是与80年代相比，延长6天。

5.相对湿度减小

（1）相对湿度的年变化

近十年相对湿度的年变化与30年均值、80年代及90年代均值相比均减小1%。

（2）相对湿度的月变化

从表1.12中可以看出，相对湿度近十年与各年代间的比较，减少几乎一样，1—3月呈增加趋势，均增加1%；5月、7月和8月没有变化，4月、6月、9—10月和12月减少，均减

少 1%。

表 1.12　近十年肇州县相对湿度与各年代间距平变化表　单位:%

项目	1	2	3	4	5	6	7	8	9	10	11	12	年
近十年与30年均值距平	2	0	0	0	−1	−1	0	−2	−3	−2	0	1	−1
近十年与80年代距平	1	1	1	−1	0	−1	0	0	−1	−1	0	−1	−1
近十年与90年代距平	1	1	1	−1	0	−1	0	0	−1	−1	0	−1	−1

近十年与 30 年均值的相对湿度距平各月变化是:2—4月、7 月和 11 月没有变化,除了 1 月和 12 月分别增加了 2%和 1%,其余各月均是减少的,减少 1%～3%。减少最多的是 9 月,为 3%,其次是 8 月和 10 月,为 2%,再次是 5—6 月,为1%。减少最多的月份在 9 月,进入秋季风力加大,天干物燥,湿度减小,给秋季防火工作带来极为不利的影响。

近十年与 90 年代相比相对湿度各月距平变化是:1—3月距平是增加的,5 月、7 月、8 月和 11 月没有变化,其余各月是减少的,均减少 1%。从相对湿度月变化来看,总体趋势变化不大。

6.蒸发量增加

(1)蒸发量的年变化

从表 1.13 中可以看出,近十年的年蒸发量一直呈增长趋

势,且与各年代相比至少增加 10 毫米以上,其中增加最多的
是与 80 年代的距平,增加了 27.1 毫米。

表 1.13　近十年肇州县蒸发量与各年代间距平变化表　单位:毫米

月份	1 月	2 月	3 月	4 月	5 月	6 月	7 月
近十年与 30 年均值距平	1.2	5.7	6.8	−1.3	−2.6	1.2	8.3
近十年与 80 年代距平	2.4	11.3	11.7	−2.6	−5.3	2.4	16.5
30 年平均值	11.4	26.0	89.3	215.1	300.5	272.4	209.1

月份	8 月	9 月	10 月	11 月	12 月	年	
近十年与 30 年均值距平	−1.0	2.7	−3.2	−1.7	−1.45	13.6	
近十年与 80 年代距平	−2.1	5.4	6.4	6.6	−2.9	27.1	
30 年平均值	174.2	145.0	105.6	41.5	14.5	1604.7	

(2)蒸发量的月变化

近十年与 30 年平均值相比,4 月、5 月、8 月、10 月、11 月
和 12 月为减少,其余为增多;与 80 年代相比,4 月、5 月、8 月、
10 月和 12 月为减少,其他各月蒸发量都是增加的趋势,但增
加的幅度不同。蒸发量与气温的高低、降水量的多少、下垫面
性质、风速的大小及季节等有很大的关系,所以造成上述蒸发
量增减数值的不同。

7.极端天气事件增多

近年来肇州县的短时强降水、低温冷害、干旱、洪涝、冰雹、大风等极端天气出现频率在增加,并且极端天气的极值也屡创新高,历史罕见的气象灾害时有发生。极端天气事件的增加主要表现在两个方面:一个是极端天气事件发生频率的增加;另一个是极端天气事件出现强度在增加。例如1987年8月17日至9月15日年肇州县出现的大风灾害,受损农作物达6.29万亩;同时全县累计降水量150毫米,致使农作物累计受损12.29万亩;1991年7月19日至23日,出现风灾和雨涝,局部大风达到8级以上;1993年6月13日出现风灾,境内的永乐镇和双发乡受灾最为严重;2005年7月9日至10日,全县境内普降暴雨,给农业生产及人民群众的生命财产安全造成了重大损失。

第二章　农业气候资源

　　气候资源是人类生存不可或缺的资源,这一资源的合理开发、利用和保护,已成为人类在社会生产实践中制定社会发展规划和活动的重要因素。在作物的生长发育和产量的形成过程中,光、热、水、气和营养物质是作物生长所必需的基本因子,它们同等重要,缺一不可,相互制约而又不能相互替代。这些农业气象基本因子的数量、相互配合、空间(地区)和时间(季节、年际)的变化,在很大程度上决定了一个地区农业生产的类型、作物种类和耕作制度,也决定了农业收成的丰歉、品质的优劣和成本的高低,所以说气象条件对农业生产的影响是相当巨大的。

　　农业生产的过程是人类利用自然资源,调节、控制和改造自然进行能量转换的过程。所谓资源,是指能为人类可以利用的自然物质和自然能量。由于地域的气候特点决定了当地的光照、降水、热量等气候资源的搭配,从而提供了农业生产对于这一自然条件的满足需要程度和可能性,即提供了作物生长发育及产量形成的可能。因此,从农业生产的观点看,气候是重要的资源之一。所谓的农业气候资源或"气候肥力",

包括了太阳辐射、温度、降水、风、CO_2 等,具体指的是生长期、无霜期的长短、总热量、降水量、光照的多少及其在作物生长季内的分配等。

一、热量资源

热量资源:热量条件是作物生长过程中必需的环境因素之一,它是农业气候的重要内容。具体是指温度的高低、生长期的长短、开始和结束的早晚、总热量和可利用热量的多少及在生长季内的分配状况和热量强度等。

1.温度生长期

(1)定义:广义的生长期是指作物能生长的时期,一般指春季日平均气温稳定通过 0℃的初日到秋季日平均气温稳定通过 0℃终日之间的日期,或用无霜期表示。某种作物的生长期则是从播种到成熟之间的日期。对于某一地区来说,生长期长短各年不一,生长期的起止日期因年型的不同,差别也很大。

(2)生态意义:日平均气温稳定通过 5℃时(图 2.1),一般的野草、野菜、树木等开始出土或萌发,恢复生长和现绿,进行光合作用,可作为温度生长期的开始日期;秋季,枯霜之后,一般植物都将冻死,停止生长,一般情况下,秋霜与日平均气温稳定通过 10℃的终止日非常接近或吻合,平均相差 2~5 天。

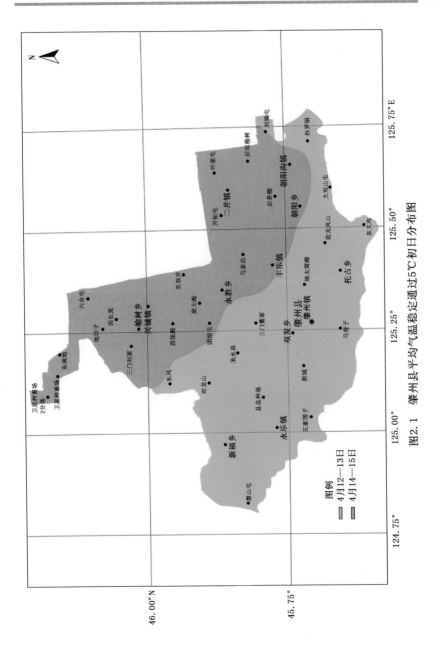

图2.1 肇州县平均气温稳定通过5℃初日分布图

（3）温度生长期模型的建立：

温度生长期的长度：

$$Y = 107.3932 - 0.0302X_1 - 0.1214X_2 + 0.0016X_3$$

温度生长期开始期：

$$Y = 417.0009 + 0.0209X_1 + 0.0521X_2 + 0.0071X_3$$

温度生长期终止期：

$$Y = 917.0605 - 0.0093X_1 - 0.0693X_2 + 0.0231X_3$$

式中 X_1 为经度(以某地实际经度值减去 124°的差值计算，单位为分)，X_2 为纬度(以某地实际纬度值减去 48°的差值计算，单位为分)，X_3 为海拔高度(单位为米，以实际值进行计算)。

①温度生长期长度

可以得出，某地的温度生长期长度是随着经纬度的增加而减少，可以理解为在肇州县域内经度、纬度每增加一分，温度生长期长度分别缩短 0.03 天和 0.12 天，同时温度生长期长度受纬度变化影响较大，与实际分布相一致。温度生长期与大田作物整个生长期是一致的，从我们统计的 178 个点的资料来看，肇州县的温度生长期呈纬向型分布，自南向北逐渐递减。最长为 151 天，最短为 133 天。

②开始期

肇州县的温度生长期的开始期与嫩江开江，榆树花絮出现，大叶杨树花絮开放，蒲公英展叶盛期，车前子展叶的时间相一致。肇州县 30 年平均温度生长期开始期最早是 4 月 15 日，在南部地区的永乐镇；最晚是 4 月 22 日，在北部的榆树乡。肇州县的年平均温度生长期开始期基本呈纬向型分布,南部最早,向北逐渐推后。

③终止期

终止期最早始于北部永乐镇和东北部的二井子镇地区,在 10 月 2 日前后,由此向南逐步延迟,南部最晚在 10 月 5 日,肇州县作物温度生长期的终止期(图 2.2)与蒲公英枯黄普遍期相一致,此时大田作物基本成熟,二者基本吻合,因此具有很现实的指导意义。

2. 气温

气温在一般情况下包括平均气温、极端气温等,通常用平均气温表示一定情况下的热量平衡状态,极端气温表示在一定情况下的热量范围。从全县作物生长季温度看(图 2.3),由西南向东北递减,在西南部平均气温偏高,在东北部范围平均气温偏低。

温度对作物生长发育的影响,可以表示为有利和不利两个方面。在作物的生长过程中,有三个基点温度,即最低温度(下限温度、生物学零度)、最适宜温度和最高温度(上限温度),在最适宜温度条件下,作物生长发育最快,在最低和最高温度条件下,作物停止生长发育,如果温度继续降低或升高,作物会受到危害甚至死亡。不同作物的三个基点温度是不一致的,同一作物在不同的发育期其三个基点温度也是不同的,一般在花芽分化期对最低温度比较敏感。三个基点温度是在

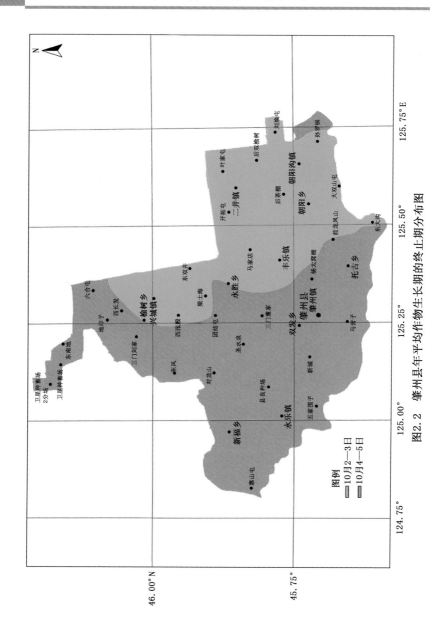

图2.2　肇州县年平均作物生长期的终止期分布图

图例
— 10月2—3日
— 10月4—5日

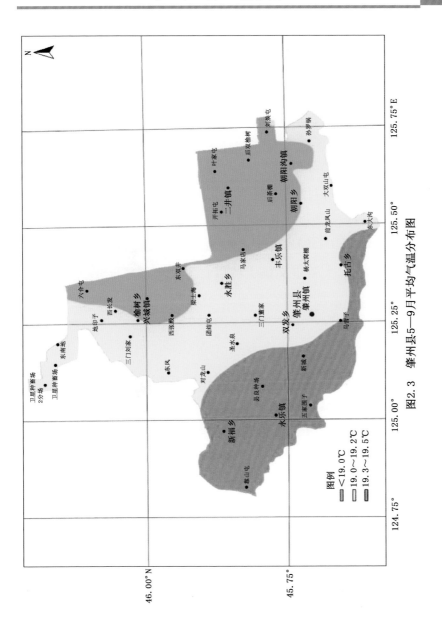

图2.3　肇州县5—9月平均气温分布图

一个温度范围内变动,最适宜一般较接近最高温度,而远离最低温度,气温对作物发育的影响是以温度强度以及持续时间长短两个方面来综合影响的。在其他外界条件基本满足的前提下,温度对作物的发育起着主导作用。

3. 界限温度

(1)农业界限温度

农业界限温度是指具有一定的生物学意义又能指示农业活动的温度。作物的生长发育是由热量条件支配的,不同作物的起始温度不同。在农业气候工作中,根据作物的一般生长特性要求,大致定义出一些以日平均气温表示的界限温度,通常是以日平均气温稳定通过 0℃、5℃、10℃、15℃ 和 20℃ 作为农业界限温度。

(2)界限温度的农业意义

0℃的农业意义:0℃标志着冰雪融化,土壤开始解冻。因此,日平均气温稳定通过 0℃ 的持续天数为适宜农耕期(图2.4);秋季日平均气温稳定通过 0℃ 的终日标志着土壤冻结(图2.5),大田的农事活动基本结束。有人用≥0℃的时段代表整个农业生产年度。春季≥0℃的初始日期正是肇州县的小麦适宜播种期。

5℃的农业意义:5℃为作物的全生长期,其开始日期与大叶杨树花芽开放期相吻合,同大田作物的播种期基本相一致,是肇州县大豆的最佳播种期,所以将 5℃ 以上的持续日期(图2.1、图2.6)称为生长期。

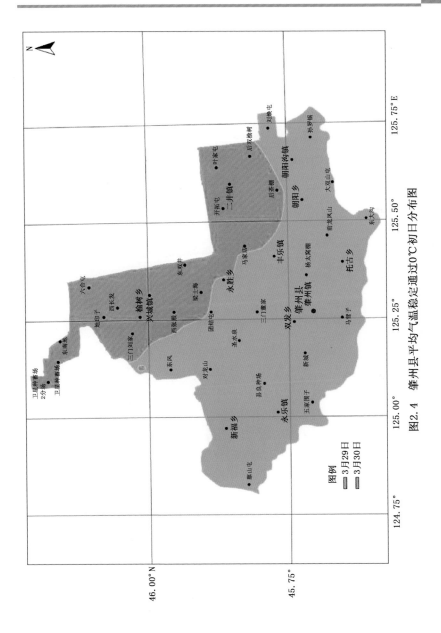

图2.4　肇州县平均气温稳定通过0℃初日分布图

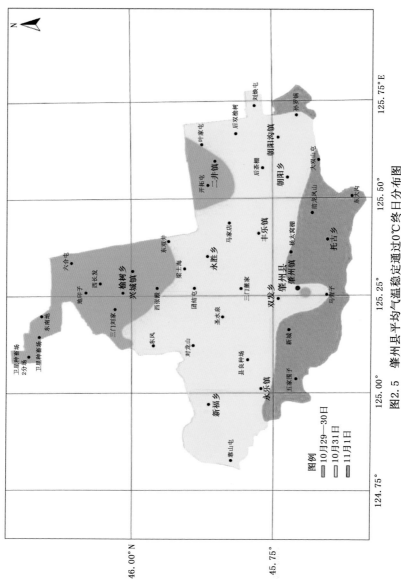

图2.5　肇州县平均气温稳定通过0℃终日分布图

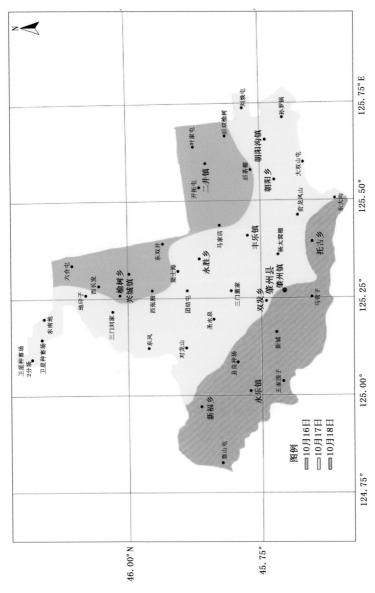

图2.6 肇州县平均气温稳定通过5℃终日分布图

10℃的农业意义:10℃是一般喜温植物的生长发育的起始温度,这一温度也是喜凉作物开始积极生长,积累干物质的温度,其终日与秋季蒲公英枯黄期基本一致,与秋季枯霜期相吻合。

(3)肇州县界限温度的区域分布

日平均气温稳定通过 10℃初日(图 2.7)的特点:全县稳定通过 10℃初日的时间相差不大,在 5 月 3 日到 5 日之间,南部的肇州镇、永乐镇、托古乡是 5 月 3 日,北部的榆树乡和兴城镇及周边地区略晚,为 5 月 5 日,中部地区为 5 月 4 日。

日平均气温稳定通过 10℃终日(图 2.8)的特点:全县稳定通过 10℃终日时间相差也不大,基本是由西南向东北逐渐提前,肇州镇、永乐镇附近地区为 10 月 1 日到 2 日,二井镇、朝阳沟镇、兴城镇周边地区则是 9 月 29 日到 9 月 30 日之间通过。

4.积温的分布和温度水平

实践证明,在其他条件都得到满足的情况下,作物生长发育不仅要求有一定的温度水平,并且要求积累一定的温度总和,即满足了一定的积温后才能完成生育期。因此,积温在农业生产中有着重要意义,根据肇州县农业生产的实际情况,采用具有普遍意义的 $T \geqslant 10℃$ 活动积温来鉴定肇州县的热量程度。

(1)$T \geqslant 10℃$、$T \geqslant 5℃$ 和 $T \geqslant 0℃$ 积温模型的建立及其分布:

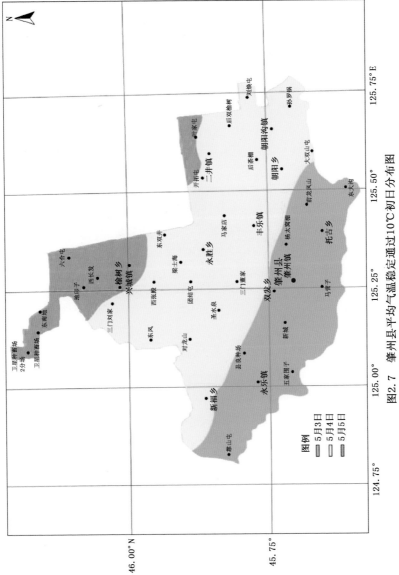

图2. 7　肇州县平均气温稳定通过10℃初日分布图

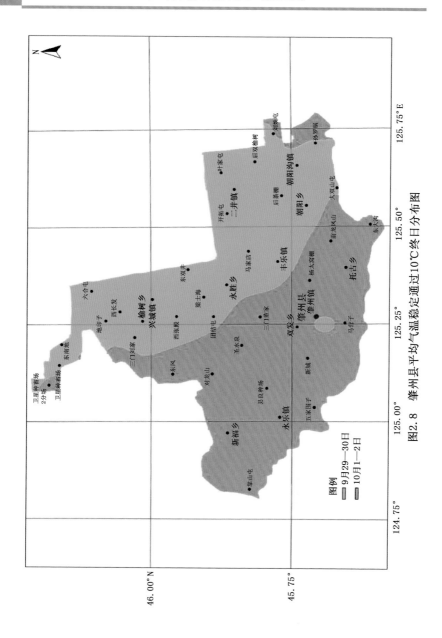

图2.8　肇州县平均气温稳定通过10℃终日分布图

①方程解析

$$Y_{10} = 3436.1338 - 1.3849X_1 - 2.2264X_2 - 0.2109X_3$$

$$Y_5 = 3710.5592 - 1.1102X_1 - 2.1658X_2 - 0.3336X_3$$

$$Y_0 = 3810.8112 - 1.3849X_1 - 2.1691X_2 - 0.3711X_3$$

式中 Y_{10}、Y_5、Y_0 分别为≥10℃、5℃、0℃积温。

②模型的物理意义

以≥10℃为例,根据公式可以得出,肇州县积温分布特征为:经度每向东移一分,积温减少 1.4℃·日,纬度每向北移一分,积温减少 2.2℃·日。海拔高度每增加一米,积温减少 0.2℃·日。

我们利用积温模型来模拟分析全县的积温分布情况,从图 2.9、图 2.10、图 2.11 中可以看出,肇州县的积温分布近似经向型分布,但与纬度有一个交角。中部地区交角较为明显,在 35°~45°N 之间,总体来说,积温的分布还是由西南向东北逐渐递减的。

(2)肇州县 $T \geqslant 10℃$ 积温与宜种植作物的关系,见表 2.1。

表 2.1　肇州县 $T \geqslant 10℃$ 积温与宜种植作物的关系

作物种类	全生育期≥10℃积温(单位:℃·日)	关　系
小麦	2091.5	适宜种植
谷子	2795.6	适宜种植
大豆	2795.6	适宜种植
玉米	2795.6	适宜种植
高粱	2795.6	适宜种植
水稻	2645.1	适宜种植

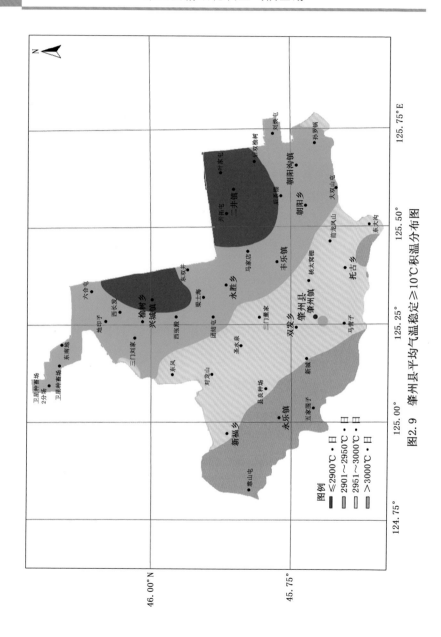

图2.9　肇州县平均气温稳定≥10℃积温分布图

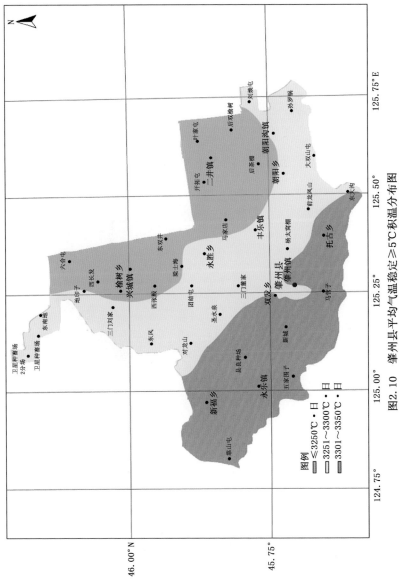

图2.10 肇州县平均气温稳定≥5℃积温分布图

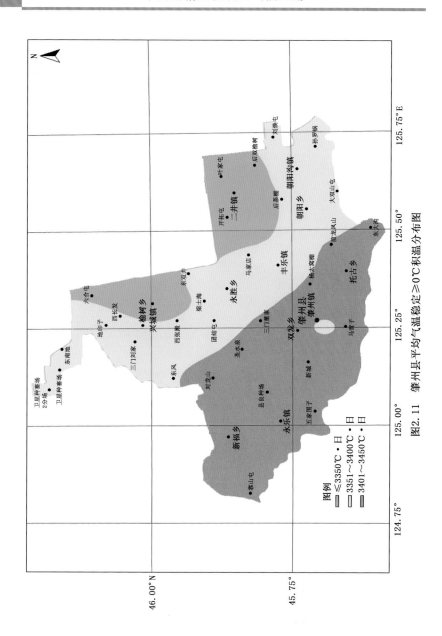

图2.11　肇州县平均气温稳定≥0℃积温分布图

二、水分资源

水分资源是农业生产的物质基础,是作物发育生长必不可少的因子,在光热及其他条件都满足的情况下,水分资源的数量及其分布特点,决定着作物的种类构成,种植制度以及产量的稳定性等。对一特定区域的水分资源按农业生产的要求进行鉴定和分析,对该区域的农业生产具有很大的参考价值和意义。

一个地区的水分资源包括大气降水、地下水、土壤水和地表水四种,大气降水是水分资源的主要成分,也是其他水分资源成分的影响因素,在这里我们主要侧重于大气降水来评价水份资源在肇州县农业生产中的作用和潜力。

1. 大气降水对作物的影响

大气降水不是全部进入到土壤之中,降水在到达地面之前,被植物截留了一部分,落到地面后,又有一部分形成地表径流,而渗入到土壤中的水分还可能有一部分在重力作用下汇入地下水,称为渗漏,因此,含蓄在土壤中的水分仅仅是降水量的一部分。

(1)降水性质和强度对作物的影响

热雷雨和夜雨有利于作物的生长发育。因为这类降水既能保证作物的水分供应,又使作物有比较充足的光合作用时间,有利于有机物的合成。热雷雨还伴有闪电,能分解空气中的氮给作物带来氮肥;连阴雨虽然供给了作物较多的水分,但因降雨延续时间长,从而影响了作物光合作用的进行,不利于有机物的合成和积累。

从降水强度来看,中雨比较有利,有效性明显,暴雨常会造成洪涝灾害,使土壤泥沙大量流失,破坏土壤结构和肥力,淹没农田后还使土壤中氧气减少,致使根系死亡,小雨对作物的有效性较差。

(2)降水的季节性分配对作物的影响

当年内降水分配不均时,则可能产生干旱和洪涝。肇州县降水的季节分配,总的来说对作物的生长发育是有利的,但有时因降水过多或过少产生农业上的主要灾害——涝和旱,是造成作物产量不稳定的主要因素。

2. 自然降水的月分布

我们针对肇州县自然降水的月分布,绘制了各月降水量占全年总降水量的百分比饼图。从图中可以看出 7 月份降水量最多,为 133.6 毫米,占全年总降水量的 29%;第二位的是 8 月份,降水量为 109.8 毫米,占全年总降水量的 24%;第三位的是 6 月份,降水量为 82.7 毫米,占全年总降水量的 18%;其余各月降水量占全年总降水量的百分比均在 10% 以下(图 2.12)。

3. 自然降水量的季分布

肇州县各季的降水量以夏季降水量为最多,多年平均为 326.2 毫米,占全年总降水量的 71%,此季与热量峰值相吻

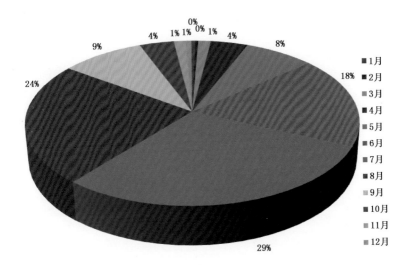

图 2.12 肇州县各月降水量占全年总降水量的百分率

合,雨热同季,有利于作物的生长发育;秋季降水量 65.2 毫米,占全年总降水量的 14%;春季降水量 60.4 毫米,占全年总降水量的 13%,由于这一季节的蒸发量远远大于降水量,极易出现春季干旱,春旱是当地的多发性气象灾害,有"十年九春旱"之说;冬季降水量 6.5 毫米,占全年总降水量的 2%(表 2.2)。

4.降水量的区域分布

通过统计分析,绘制了肇州县生长季(5—9 月)、春季(3—5 月)、夏季(6—8 月)、秋季(9—10 月)和年降水量的分布图。从各阶段降水分布图可以看出,肇州县的降水分布基

表 2.2　肇州县降水量的季分布及各季降水量的百分比

季节	春		夏		秋		冬	
地点	降水量 (毫米)	占比 (%)	降水量 (毫米)	占比 (%)	降水量 (毫米)	占比 (%)	降水量 (毫米)	占比 (%)
本站	60.4	13	326.2	71	65.2	14	6.5	2

注:区域站冬季无降水量资料

本上呈经向型分布,春季、夏季和秋季均表现明显(图 2.13、图 2.14、图 2.15、图 2.16)。

5.自然降水的年际变化

以肇州站本站的资料来分析肇州降水的年际变化。从 1981 年至 2010 年 30 年年平均降水量为 458.3 毫米,80 年代年平均降水量为 506.9 毫米,90 年代年平均降水量为 477.3 毫米,2000——2010 年年平均降水量为 401.3 毫米。其中,年降水量最大年份是 1981 年,为 696.4 毫米,其次是 2005 年,为 642.8 毫米,再次是 1993 年,为 615.8 毫米,1984 年,为 613.8 毫米,1985 年为 612.5 毫米,1998 年为 604.1 毫米,其余年份年降水量均不到 600 毫米。年降水量最少的年份是 2001 年,年降水量仅为 236.9 毫米,其次是 1995 年,为 260.7 毫米,再次是 2006 年,为 283.6 毫米,年平均降水量不足 400 毫米的年份还有 1982 年、1986 年、2000 年和 2007 年(图 2.17)。

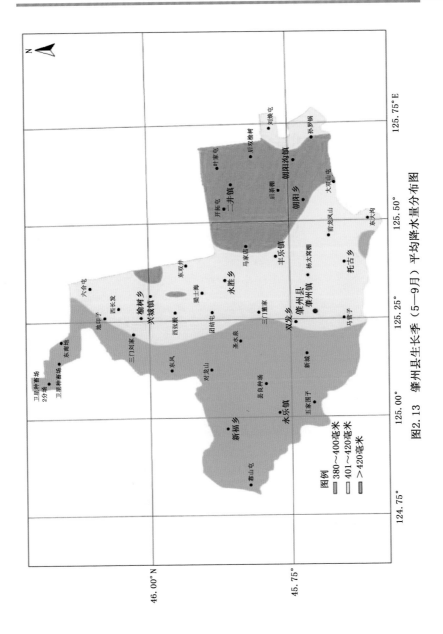

图2.13 肇州县生长季（5—9月）平均降水量分布图

图例
380～400毫米
401～420毫米
>420毫米

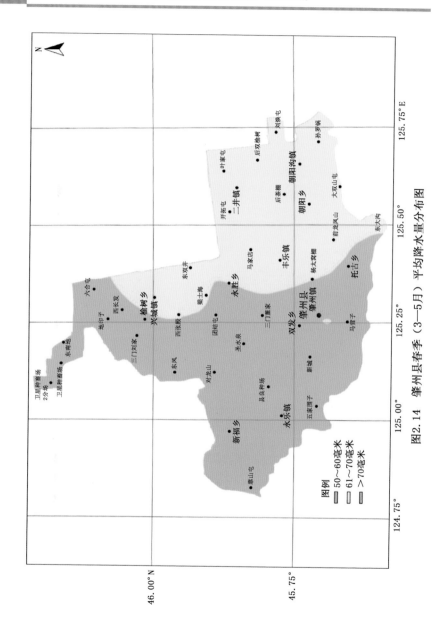

图2.14　肇州县春季（3—5月）平均降水量分布图

图例
50~60毫米
61~70毫米
>70毫米

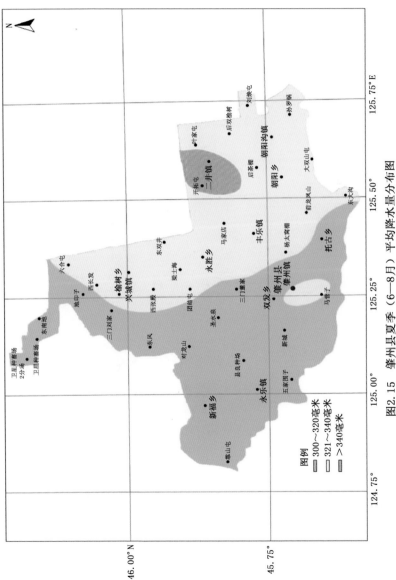

图2.15　肇州县夏季（6—8月）平均降水量分布图

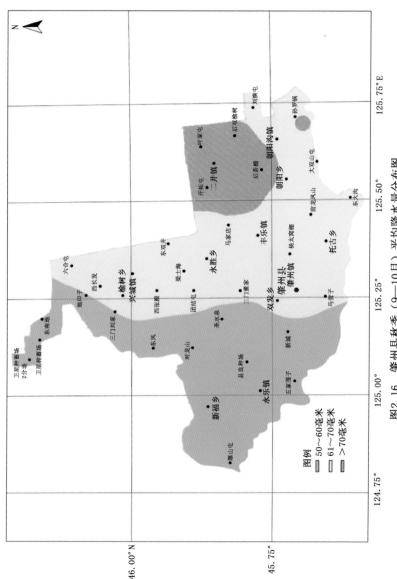

图2.16　肇州县秋季（9—10月）平均降水量分布图

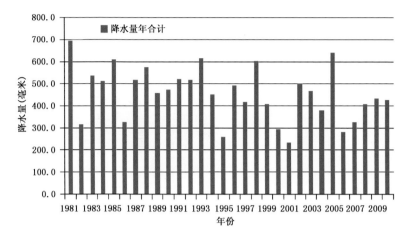

图 2.17 肇州县年降雨量年际变化图

6.水分状态

(1)水分生长期

水分生长期指的是一年之中自然降水超过 40% 蒸发量的那段时间,第一个超过日期为生长期开始期,最后一个超过期为生长期结束期;而湿润期意义与水分生长期相近,即自然降水量超过蒸散量的日期为湿润期,第一个超过的日期为开始期,最后一个超过的为结束期。

蒸散量的求算方法采用的是伊万诺夫方法,其公式为:

$$E = 0.0018 \times (T + 25)^2 \times (100 - U)$$

式中 E 为月蒸散量,T 表示月平均气温,U 表示月平均相对湿度,具体日期采用线性内插方法求出即可。

通过计算分析,我们得出肇州县各地水分生长期始期计算经验公式:

$$C_S = 10.93 - 0.02X_1 - 0.05X_2 - 0.01X_3$$
$$R = 0.65, F = 0.99$$

式中 C_S 为某地平均水分生长期初日、月份为 6 月；X_1、X_2、X_3 意义见温度生长期模型。

肇州县各地平均湿润期开始期经验公式为：

$$C_R = 23.85 - 0.1X_1 - 0.15X_2 - 0.06X_3$$
$$R = 0.71, F = 2.37$$

式中 C_R 为某地平均湿润开始期,月份为 7 月。

（2）水分生长期始期,湿润期开始期的地区分布

水分生长期始期分布自东北向西南依次推后,最早出现在北部地区的二井子镇,在 6 月 6—7 日；肇州县西南部地区水分生长期开始的最晚,在 6 月 8—10 日,包括肇州镇、永乐镇等地区。

（3）水分状态分型

根据肇州县历年水分生长期计算结果,将肇州县水分状态分型如下：

A 型（干旱型）

干旱按发生时段分主要有春旱、春夏连旱、初夏旱和春旱加秋旱。无论是哪种干旱,我们都将时段内降水量小于该时段内 40％蒸散量的标准作为干旱指标的标准。按以上标准我们举典型例子说明。下面是发生在春末夏初旱和春旱,根据月降水量小于 40％蒸散量的标准验证干旱实例。在图 2.18 中很清楚地看出,降水量小于 40％蒸散量的时段是干旱

发生的时段。

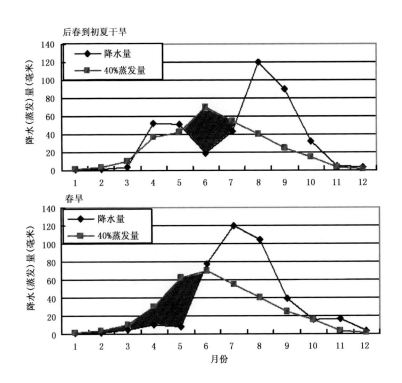

图 2.18　干旱分析图

B 型(涝型)

肇州县影响农业生产的洪涝灾害,按发生时段来区分,主要有春涝、夏涝、秋涝、春夏涝和夏秋涝,当时段内降水量大于该时段内 80% 蒸散量时,就会有洪涝灾害发生(图 2.19)。

从历年来的分析看,在 A 型中,以春旱的发生概率最高;在 B 型中,以夏涝的发生概率为多。

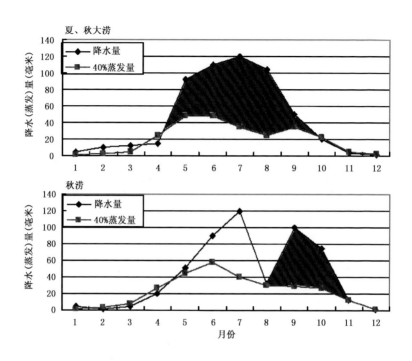

图 2.19　夏涝、秋涝分析图

三、风能

　　风能作为一种能源被人类利用已有两千多年的历史了，过去主要应用在农副产品的加工、汲水与航运上，近年来由于环境污染和能源危机的冲击，使各国对风能的研究重新重视起来。风能在发电、供暖、运输、制冷、海水淡化等方面应用广泛。所谓风能利用，就是将自然界的风经过转换，成为电能、机械能等能量形式为人类服务。据估计,全球近地层的风能总储量约为 $1.3×10^{12}$ 千瓦,是目前全世界能量消耗的 3000 倍左右,其利用前景是十分可观的。

1. 风能的概念

将风能转换为其他能量的形式,一般采用风力机。风力机产生风能的大小,通常用风能密度(瓦/米^2)来表示。风能密度是指在单位时间内通过单位面积的风所具有的动能,当风速为 V(米/秒)、空气密度为 ρ(千克/米^3)、风轮面积为 $F = \pi(\frac{D}{2})^2$(米^2)(式中 D 为风轮直径),在单位时间内通过风轮面积 F 的风能功率为 W,可表示为 $W = \frac{1}{2}mV^2 = \frac{1}{2}\rho FV^3 = \frac{1}{8}\rho\pi D^2V^3$。从式中可以看出,风能的大小取决于风速的大小,其次是风轮面积和空气密度。但是通过风轮的气流不是全部冲击在风轮上,总有一部分从叶翼间流过,这部分动能没有被风力机利用,气流通过叶翼后,气流也未完全静止,它的动能也没有完全传到叶翼上;气流在叶翼周围(特别是下风方向)还会产生一些涡旋,阻碍叶翼的运动。所以,通过风力机风轮截面的气流动能,仅仅只有一部分转变为风力机的能量。

2. 肇州县平均风速的变化

(1)年、月平均风速

肇州县年及 1—12 月的历年平均风速见表 2.3。

表 2.3　肇州县年、月平均风速　　　　　　　单位：米/秒

时间	1月	2月	3月	4月	5月	6月	7月
平均风速	3.1	3.4	4.3	5.0	4.5	3.6	2.9
时间	8月	9月	10月	11月	12月	年	
平均风速	2.7	3.1	3.8	3.9	3.2	3.6	

（2）肇州县 1981—2010 年风玫瑰图

从图 2.20 中可以看出：肇州县春季主导风向为西北风，其次是南西南风。肇州县春季多大风天气，空气湿度小，气候干燥，给春季森林防火带来不利的影响，同时也极易造成土壤跑墒，加剧春季旱情。

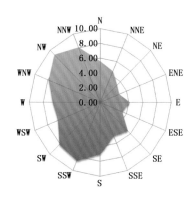

图 2.20　肇州县 30 年平均春季风玫瑰图

从图 2.21 中可以看出：肇州县夏季主导风向为南风，其次是东南风。肇州县夏季多大风天气，雨热同季，降水集中。

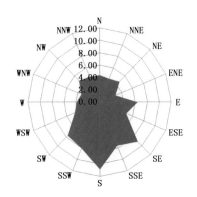

图 2.21　肇州县 30 年平均夏季风玫瑰图

从图 2.22 中可以看出：肇州县秋季主导风向为南风，其次是西风。肇州县秋季风大，空气凉爽，气候干燥，给秋季森林防火带来不利的影响。

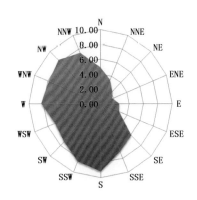

图 2.22　肇州县 30 年平均秋季风玫瑰图

从图 2.23 中可以看出：肇州县冬季主导风向为西北风，其次是西西北风。肇州县冬季风小，寒冷漫长、空气干燥；多

风天气使人的体感温度明显低于实际温度,抗御寒冷的能力
下降。

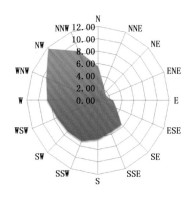

图 2.23　肇州县 30 年平均冬季风玫瑰图

从图 2.24 中可以看出:肇州县年平均风向的主导风向为
西北风,其次是南风。肇州县春季多大风、干燥、湿度的阶段
性波动大;夏季雨热同季、热量充足、降水集中;秋季凉爽、干

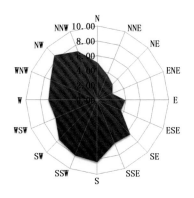

图 2.24　肇州县年平均风玫瑰图

燥;冬季寒冷、漫长、干燥。

(3)肇州县大风天气出现的季节性特征

影响肇州县的大风天气主要是出现在春、秋两季,并以春季出现的频率为多。

从表 2.4 统计中可以看出春季 8 级风出现日数最多在 4月,秋季 8 级风出现日数最多在 10 月。

表 2.4　肇州县春、秋季 8 级及以上大风天气 30 年平均日数表

1981—2010 年 30 年春、秋季 8 级风平均日数							
时间	3 月	4 月	5 月	春季平均	9 月	10 月	11 月	秋季平均
日数(天)	2.3	5.2	4.5	4.0	0.6	1.8	1.1	1.2

从表 2.5 统计中可以看出春季 5 级风出现日数最多在 4月,秋季 5 级风出现日数最多在 10 月。

表 2.5　肇州县春、秋季 5 级及以上大风天气 30 年平均日数表

1981—2010 年 30 年春、秋季 5 级风平均日数							
时间	3 月	4 月	5 月	春季平均	9 月	10 月	11 月	秋季平均
日数(天)	23.0	26.0	25.1	24.7	16.1	19.3	14.6	16.7

以上统计可以看出春、秋两季 5 级及 8 级以上大风月最多日数均出现 4 月和 10 月,尤其是春季最为明显。由于肇州县地处松花江之北,松嫩平原腹地,全境为冲积平原,地势平坦,因此春、秋季的大风最容易引起森林火灾,常常给防火工

作带来不便影响。

3.风能的利用

由于风的方向和速度的多变性,风力的分布又过于分散,使单位面积上可以获得的风能功率不大,不能保障风力机稳定地输出能量。因此,在分析某一区域风能资源时,必须揭示出风能随时间的变化规律及其在地域上的分布规律,结合评价风能的指标,做出风能的区划和规划,以提高风能的利用率。

四、日照

从表2.6中可以看出,肇州县30年(1981—2010年)年平均和各月平均日照时数的变化情况,日照时数最多在5月,为284.5小时,日照时数最少在12月,为185.3小时。

表 2.6 肇州县 30 年平均月日照时数

时间	1月	2月	3月	4月	5月	6月	7月
日照(小时)	204.3	226.8	267.1	256.8	284.5	266.4	240.9
时间	8月	9月	10月	11月	12月	年	
日照(小时)	248.9	250.8	232.6	195.4	185.3	2855.7	

从各季的统计数据看,冬季平均日照时数最少,为616.4小时;春季的日照时数最长,为808.4小时;年际变化呈自春季—夏季—秋季—冬季递减。肇州县年平均日照时数分布情况见图2.25。

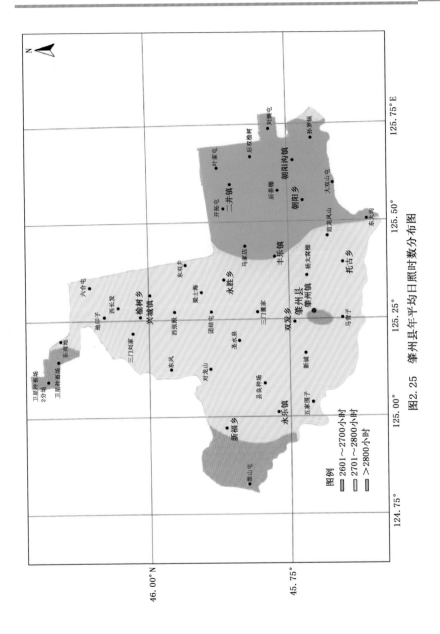

图2.25　肇州县年平均日照时数分布图

第三章　农业气象灾害

肇州县地处中纬度,具有明显的大陆性季风气候特征,虽然气候资源比较丰富,但各种气象灾害也经常发生。影响肇州县农业生产和作物产量不稳定的主要原因来自气象灾害,特别是低温、旱涝的综合影响是该区域出现大幅度、大面积减产的主要因素。统计分析和实际调查结果表明:在肇州县常发生的气象灾害中,危害最大的是干旱,其次是低温和霜冻,再次是洪涝,之后是大风和冰雹。

一、低温冷害

1. 低温冷害的类型和概念
(1)低温冷害的概念
低温冷害:由于受大陆性季风气候的影响,气温变化不稳定,波幅较大。夏季每遇到低温天气就会引起大范围的低温冷害,对农业生产的影响十分严重,可以造成粮食作物的大面积减产。

在农作物的生长发育期内,由于温度低于其生长发育阶段的下限而使作物组织细胞受到损害,对于此种现象我们称之为"低温";冷害是指在作物生长季节内,由于温度下降到低于作物当时所处的生长发育阶段的下限温度时(不一定低于0℃),使作物的生理活动受到阻碍,严重时可使作物某些组织受到损伤而最终导致严重减产。冷害对于不同作物、品种、生长发育期的危害是不同的,一般作物在苗期和生育后期对冷害的抗御能力较强,而在生殖器官开始分化到抽穗、开花、受精及灌浆初期对冷害最为敏感。

可以通过气候分析,总结出气温变化对作物产量的一些指标(表 3.1)。

表 3.1　气温与历年同期比变化表　　　单位:℃

月	5	6	7	8	9	5—9	产量变化
丰	1.2	0.5	0.1	0.2	0.1	1.9	增产 9.0 斤 */亩
平	0.3	正常	正常	0.3	0.1	0.6	增产 0.6 斤/亩
歉	−0.9	0.5	−0.5	−0.8	−0.1	−2.8	减产 52.0 斤/亩

(2)低温冷害分类

根据冷害对作物危害性质和时期的不同,可分为三种类型:

①延迟型冷害:是指在作物营养生长期,在较长时间内遭受比较低的冷害危害,使作物发育期延迟,以致在初霜到来之

---

*　1 斤＝500 克

前不能正常成熟,而导致产量降低。

②障碍型冷害:是指在作物的生殖生长期内(主要是从颖花分化到抽穗开花期)遭受短时间(一般仅有几天)异常低温,使生殖器官的生理机制受到破坏,造成颖花不孕,空壳率高而减产。

③混合型冷害:又称兼发型冷害,是在作物生育初期遭遇低温,延迟了生育和抽穗,到孕穗期又遇低温危害,使部分作物颖花不育发生空壳秕粒,给作物产量带来严重影响。

(3)低温冷害对作物的危害

当作物遭遇冷害时,一般认为作物的体内细胞中具有生命的细胞质流动减慢,并逐渐停止流动,作物的养分吸收和输送也就因细胞质的停止流动而受到阻碍。如果低温冷害持续时间短,温度回升后,细胞内细胞质仍能恢复正常流动,作物也可以正常生长发育;若低温冷害持续时间较长,作物就会因细胞质的停止流动而停止生长,而遭受冷害。冷害的轻重取决于低温的强度、持续日数的长短及气温回暖的快慢。

二、暴雨和洪涝灾害

1.洪涝和洪涝灾害的定义

洪涝是指因大雨、暴雨或持续性降雨使低洼地区淹没、渍水的现象。由于降雨、融雪、冰凌、风暴潮等引起的洪涝和积水造成的灾害称为洪涝灾害。洪涝主要是引起土壤缺氧,危害农作物的生长,造成作物减产或绝收,破坏农业生产以及其他产业的正常发展。

暴雨:24 小时降水量为 50 毫米或以上的降雨称为"暴雨"。按其降水强度大小又分为三个等级,即 24 小时降水量为 50~99.9 毫米称为"暴雨";100~249.9 毫米为"大暴雨";250 毫米及以上称"特大暴雨"。当表层土壤相对湿度超过 100% 时为洪涝开始。

2. 洪涝灾害指标及出现频率分析

对于洪涝灾害的指标,我们根据不同季节的降水量分布特征来分别确定春、夏、秋各季的洪涝指标和出现频率。

(1)春涝:指的是春季 4、5 月份降水量过多或因桃花水而形成的春季内涝现象,影响春耕生产,农作物因春播晚致使作物生育期拖后,遭秋霜危害而减产歉收。春涝指标:4 月降水量 $R>40\%$ 蒸散量(E)或前一年 10 月份降水量 $R>32.0$ 毫米,又或者当年 4、5 月降水量 $R>90.0$ 毫米为春涝指标。

从表 3.2 中可以看出,春涝按以上的 4 个指标来分析,1981—2010 年间出现春涝的次数为 11 次,出现频率为 37%;按 4 月降水量 $R>40\%$ 蒸散量(E)来分析,春涝出现 8 次,频率为 27%;按上年 10 月降水量(R)>32.0 毫米来分析,春涝出现 5 次,频率为 17%;按 4 月降水量(R)>90.0 毫米,出现 1 次,频率为 3%;按 5 月降水量(R)>90.0 毫米,出现 1 次,频率为 3%;符合上述条件之一,即可认为肇州县春涝发生,那么出现春涝的次数为 11 次。

表 3.2　春季洪涝出现概率统计表(4 月蒸散量 E＝56.8 毫米)

春季洪涝	4 月降水量 R＞40％ E	前一年 10 月降水量 R＞32.0 毫米	4 月降水量 R＞90.0 毫米	5 月降水量 R＞90.0 毫米	符合前三个条件之一即为洪涝
春涝次数	8	5	1	1	11
30 年出现频率	27％	17％	3％	3％	37％

(2)夏涝:夏季 6—8 月份的洪涝主要是由于暴雨和强降水造成的。降水过多造成江河水位猛涨,山洪暴发,冲、淹农田,使人民生命财产受到损失。6—8 月降水量 R＞430.0 毫米,为夏涝指标,根据夏涝指标对 1981—2010 年的资料进行了统计,30 年中有 5 年出现夏季降水量达 430.0 毫米以上,出现夏涝,概率为 17％。

(3)秋涝:主要是 8、9 月份连续降大雨、暴雨或出现降水比较集中的连阴雨而形成的,给麦收和大田作物的成熟造成严重影响或绝产。8、9 月降水量 R＞3 倍的同一阶段蒸发量(E)的 40％(8 月份的蒸散量 E＝86.0 毫米,9 月份的蒸散量 E＝92.2 毫米),或降水的峰值量出现在 8 月且 8 月份降水量≥150.0 毫米,又或 9 月份降水量 R＞89.0 毫米为秋涝。

从表 3.3 中可以看出,秋涝按以上的 4 个指标来分析,1981—2010 年间出现秋涝的次数为 10 次,出现频率为 33％;按 8 月降水 R＞3E 来分析,没有能达到秋涝的标准的;9 月 R＞3E 来分析,没有能达到秋涝的标准的,如果这两个指标达到,那么将是罕见的严重秋涝;按 8 月降水量来分析有 9 年秋涝出现;按 9 月降水量来分析有 1 年秋涝。各标准只要有一个符合条件,我们就认为有秋涝发生,那么按这个标准分析出肇州县秋涝 1981—2010 年 30 年中出现 10 次。

表 3.3 秋季洪涝出现概率统计表

秋季洪涝	8 月降水量 $R>3E$	9 月降水量 $R>3E$	8 月降水量 $R>150.0$ 毫米	9 月降水量 $R>89.0$ 毫米	符合前四个条件之一即为洪涝
秋涝次数	无	无	9	1	10
30 年出现频率	无	无	30%	3%	33%

（3）暴雨分布特征

从暴雨分布图（图 3.1）中可以看出,肇州县的年平均暴雨日数大于 0.8 天的地区在我县的中东部地区,偏西一带相对出现暴雨的概率较低。

4.洪涝的危害

自古以来,洪涝灾害一直是困扰人类社会发展的自然灾害。我国有文字记载的第一页就是劳动人民和洪水斗争的光辉画卷——大禹治水。时至今日,洪涝依然是对人类社会影响最大的灾害。在各种自然灾害中,洪涝是最常见且又危害最大的一种。洪水不但淹没房屋和人口,造成大量人员伤亡,而且还可以卷走人们居留地的物品,包括粮食,并淹没农田,毁坏作物,导致粮食大幅度减产,从而造成饥荒。洪水还会破坏工厂厂房和设备、通讯与交通设施,对国民经济造成影响。

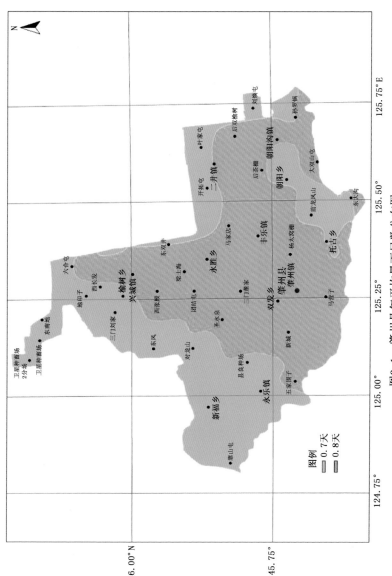

图3.1　肇州县年平均暴雨日数分布图

三、霜冻灾害

肇州县地处中纬度,是一个以农业经济为主的国家重要商品粮基地,盛产玉米、高粱、大豆等大田作物,以及甜菜、亚麻、烤烟、葵花、谷糜、瓜菜等经济作物,农业生产对于无霜期的依赖性很强,秋季初霜冻出现的早晚,对农作物的产量影响很大,初霜来的早常使未成熟的庄稼提前结束生育期而造成大幅度减产;而终霜走的晚又会使春苗遭受冻害,造成毁种或延迟早晚生育期。特别是出现在 9 月 28 日之前的初霜冻,可造成粮食的大幅度减产。霜冻灾害是肇州县的主要灾害性天气之一。

1. 霜冻灾害概述

(1)霜冻的定义和标准

当近地面的温度下降到 0℃ 以下时,空气中的水汽在地面物体上凝结成白色的冰晶叫做霜,也称为白霜。而霜冻则是自地面(或百叶箱)的温度突然下降到农作物生长温度的下限时,农作物受到冻害的现象。

(2)霜冻的分类

产生霜冻的原因是温度下降,霜冻按其形成的原因可分为三类:

①平流霜:由于强冷空气的侵入而直接引起的霜称为平流霜。

②辐射霜:在晴朗、少云、风弱的夜晚,由于辐射冷却效应

明显,而引起的霜,称为辐射霜。

③平流辐射霜(又称混合型):由平流降温和辐射冷却共同作用产生的霜,称之为平流—辐射霜。这种霜在演变的后期是以辐射效应为主。

(3)近30年(1981—2010年)肇州县霜冻灾害分析

①近30年各类霜冻出现频率分析

从表3.4中可以看出,1981—2010年间,肇州县霜冻灾害共出现9次,占30%的概率,其中:秋季的初霜冻所占概率为10%,在霜冻灾害中所占比例是最小的。春季的终霜冻所占比例为20%,在霜冻灾害中所占比例是最大的。从以上的分析看,在肇州县秋季的初霜冻对农业生产的影响较小,而春季的终霜冻影响较大,准确地预报霜冻灾害和采取有效的防御措施,对于减少实际灾害的影响致关重要。

表3.4 近30年各类霜冻灾害出现频率统计表

霜冻类型	初霜	终霜
出现次数	3	6
出现频率(%)	10	20
占霜冻频率(%)	33	67

2. 霜冻的区域分布特征

肇州县地势平坦,没有局地小气候,所以全县境内的霜冻分布较为均匀,没有特别突出变化。从肇州县初霜日期分布图(图3.2)中可以看出,肇州县初霜日期主要集中在9月27日

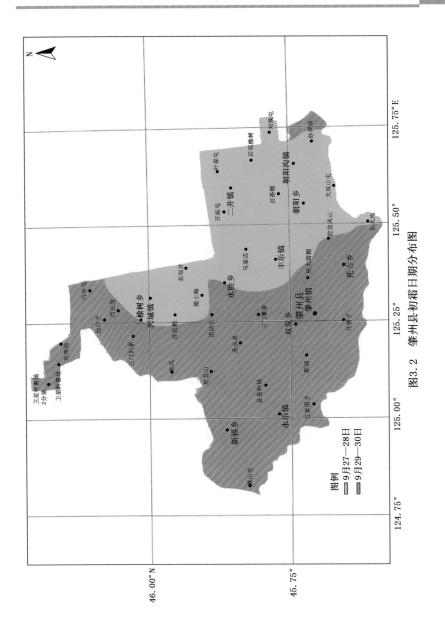

图3.2　肇州县初霜日期分布图

至 9 月 30 日期间,东部地区略早 9 月 27—28 日开始,西部地区略晚一两天 9 月 29—30 日开始;终霜日期(图 3.3)除朝阳乡、二井镇和朝阳沟镇外,均集中在 4 月 29 日到 5 月 2 日期间,其中西部地区结束较早在 4 月 29—30 日结束,其余的终霜日期为 5 月 1—2 日;全年无霜期日数大部分为 147～151天,包括中部地区的肇州镇、双发乡、榆树乡和东部的朝阳沟镇,西部地区略多于 151 天,朝阳乡和二井镇略少于 147 天(图 3.4)。

3.综述

(1)霜冻对农业生产的危害

霜冻是农业气象灾害之一,霜冻的发生会对正在生长发育的作物造成伤害,从而导致减产和品质下降,严重的可以导致绝收。通过与霜的对比分析揭示霜冻的成因和特征,并阐述其在农业生产等方面造成的危害,同时简述其预防措施,以便更好地预防和减轻霜冻造成的危害。

(2)怎样预防霜冻的危害

霜冻对于农业生产的危害很大,必须采取积极有效的防御措施。目前主要防御措施有两大类,即农业措施和物理方法。适用于大面积农田的农业措施有:①种植耐寒作物,培育抗寒高产品种;②加强田间管理,促使作物提前成熟;③采取先进的栽培技术,提高作物的耐寒能力;④根据气象预报,选择适宜的播种期和早熟品种,合理地避过霜冻危害期;⑤设置风障或使用暖房、阳畦等设施进行育苗和栽培作业。

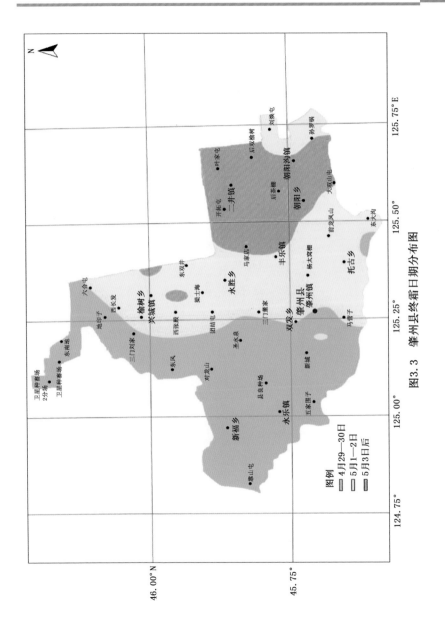

图3.3 肇州县终霜日期分布图

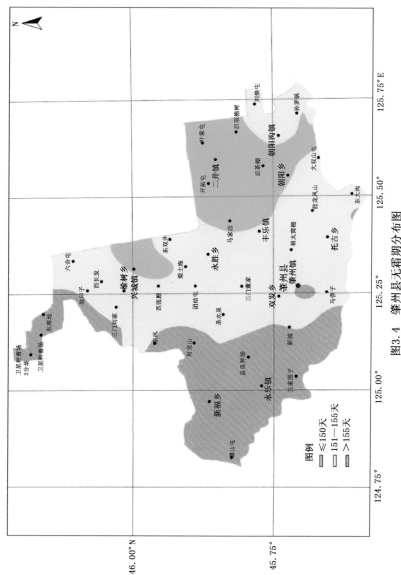

图3.4　肇州县无霜期分布图

物理方法主要有:①灌溉法:在霜冻发生的前一天灌水,保温效果较好。据试验,灌水后的作物叶面温度在夜间可比不灌水的提高 1~2℃。②熏烟法:即燃烧柴草等发烟物体,在作物上面形成烟幕,使降温过程变得缓慢,提高近地层的空气温度。一般熏烟法能达到增温 0.5~2.0℃ 的效果。也可用化学制剂造成烟幕,提高空气温度;据测定,燃烧 1 千克红磷可为 5 亩地防霜,提高温度 1~2℃。③覆盖法:即用草帘、席子、草灰尼龙布等覆盖,或用土覆盖,以便使地面热量不易散失。

四、干旱灾害

干旱是影响肇州县农业生产最严重的灾害之一,它发生的范围广、出现频率高,是造成肇州县农业减产的主要原因之一。

1. 干旱的概念与类型

干旱是指长时期降水偏少,造成空气干燥、土壤缺水,使农作物和牧草体内水分亏缺,影响农作物播种和牧草返青,或者影响农作物和牧草的正常生长发育,导致农牧业减产以及河流干涸、人畜饮水困难的一种气象灾害。

(1)按发生的成因,干旱可分为土壤干旱、大气干旱和生理干旱:

①土壤干旱是由于土壤水分亏缺,作物的根系难以从土壤中吸收到足够的水分去补偿蒸腾的消耗,从而引起作物体

内水分平衡失调的现象。

②大气干旱是由于大气高温、低湿并具有一定的风力,使作物的蒸腾作用加剧,根部吸收的水分不能满足蒸腾水分的消耗,引起作物体内水分平衡失调而造成光合作用强度降低或灌浆过程受阻的现象。

③生理干旱是指:在土壤中的水分不亏缺,因土壤不利因素或农业技术措施不当而引起的作物体内水分平衡失调的现象。其主要原因有:土温过低或过高;土壤通气状况不良,氧气不足;土中溶液的盐分浓度过高;施肥过多等。

(2)按发生的季节,干旱可分为春旱、夏旱、秋旱和冬旱。我们主要分析对本地农作物有影响的春旱、夏旱和秋旱。

2.肇州县近30年干旱分析

通过表3.5可以看到,肇州县近30年出现不同类型和不同程度的干旱27次,其中:春旱17次,频率57%;卡脖旱7次,频率23%;夏旱3次,频率10%。春旱和卡脖旱是肇州县的主要气象灾害,出现频率高、危害重,凡此类灾害出现后都会出现大幅度减产,综合年景大多为歉年。

表3.5　肇州县近30年的干旱发生频率分析

干旱类型	春旱	卡脖旱	夏旱
出现次数	17次	7次	3次
出现频率(%)	57	23	10
占干旱频率(%)	63	26	11

3. 干旱指标

I—土壤相对湿度。严重干旱 $I \leqslant 50\%$；偏旱 $50\% < I \leqslant 70\%$；正常 $70\% < I \leqslant 94\%$；偏涝 $I > 94\%$。

肇州县干旱类型及指标：

(1)春旱：春季(4—5月)降水量小于35毫米或小于40%蒸散量(E)，或前一年9月、10月降水量合计值小于60毫米，满足上述条件之一都将发生春旱。

(2)夏旱：6—8月降水量小于230毫米。

(3)秋旱：9月份降水量小于40毫米。

(4)卡脖旱：是指在5月下旬到6月中旬(大田苗期或小麦拔节期)出现的干旱。

干旱程度评价标准：通常将农作物生长期内因缺水而影响正常生长的现象称为受旱，受旱减产三成以上的称为成灾。经常发生干旱的地区称为易旱地区。预计未来一周综合气象干旱指数达到重旱(气象干旱为25~50年一遇)，或者某一县(市、区)有40%以上的农作物受旱，达到干旱黄色预警；预计未来一周综合气象干旱指数达到重旱(气象干旱为50年以上一遇)，或者某一县(市、区)有60%以上的农作物受旱，达到干旱红色预警。

4. 干旱对作物的危害及预防措施

干旱对作物的危害：干旱危害作物的机制，主要是使作物体内的水分平衡遭到破坏，从而使作物呈现萎蔫(暂时萎蔫或永久萎蔫)，并遭受到一系列伤害。

干旱的预防措施：可用兴修水利、搞好农田基本建设，根据干旱规律来安排农业生产；节水灌溉，如用先进的喷灌、滴灌等节水灌溉技术，提高水的利用率；培育或选种抗旱的作物品种，耕作保墒；覆盖或用化学物质喷洒来抑制蒸发；人工增雨作业等措施来减轻、防御干旱的影响。

五、森林火灾

森林火灾是森林最危险的敌人，也是林业最可怕的灾害，它会给森林带来最有害和最具有毁灭性的后果。森林火灾不但烧毁成片的森林，伤害林内的动物，而且还会降低森林的更新能力，引起土壤贫瘠，还有破坏森林涵养水源的作用，甚至会导致生态环境失去平衡。

1. 森林火险预警信号

表3.6　森林火险预警信号

名称	预警信号	含义
森林火险		森林火险等级为三级。中度危险，林内可燃物较易燃烧，森林火灾较易发生
		森林火险等级为四级。高度危险，林内可燃物容易燃烧，森林火灾容易发生，火势蔓延速度快
		森林火险等级为五级。极度危险，林内可燃物容易燃烧，森林火灾极易发生，火势蔓延速度极快

2. 森林火灾种类

根据森林火灾燃烧的中央地点、蔓延速度、受害部位和程度,大致可把森林火灾分为三大类:地表火、树冠火和地下火。

以受害森林面积大小为标准,森林火灾分为以下四类:

(1)森林火警:受害森林面积不足 1 公顷或其他林地起火;

(2)一般森林火灾:受害森林面积在 1 公顷以上,不足 100 公顷;

(3)重大森林火灾:受害森林面积在 100 公顷以上,不足 1000 公顷;

(4)特大森林火灾:受害森林面积在 1000 公顷以上。

森林火灾的起因主要有两大类:人为火和自然火。

人为火包括以下几种:

(1)生产性火源:农、林、牧业的生产用火,林副业生产用火,工矿、运输生产用火等;

(2)非生产性火源:如野外炊烟,做饭,烧纸,取暖等;

(3)故意纵火:燃烧干草,燃放爆竹、礼花等。

在人为火源引起的火灾中,以开垦烧荒、吸烟等引起的火灾最多。在我国发生的森林火灾中,由于炊烟、烧荒、上坟烧纸引起的火灾占了绝对数量。

自然火:包括雷电、自燃等。由自燃火引起的森林火灾约占我国森林火灾的 1% 左右。

影响火灾的三要素:温度、湿度和单位可燃物的载量。

由于森林火灾危害大,扑灭困难,所以在火灾还在萌芽状态立即扑灭它就显得尤为重要。森林火灾因为常常发生在深山老林中，不易被发现，故而极早发现火灾对于早扑灭火灾具有重要意义。

第四章　农业气候区划精细化

一、目的

农业气候区划精细化是肇州县农、林、牧、副、渔业等自然资源和区划的重要组成部分,是开发利用肇州县农业气候资源的主要手段,是各级领导和部门制定农、林、牧、副、渔业现代化规划的依据。因此,进一步搞好农业气候区划和细化工作,就是为深入开发利用农业自然资源,科技兴农,为农业高产稳产、趋利避害提供依据。

二、原则

在农业气候资源、气象灾害以及生产潜力等综合分析的基础上,以农业气候指标为依据,按照农业气候相似原理,参考反映气候差异的地形、地貌等自然条件,本着当期农业生产的实际情况,着眼于农业区划和长远规划的目标,为当前的农业生产提供合理化建议。

　　农作物从播种到成熟是按照自身特有的规律生长发育的,在完成一个发育阶段后进入下一个发育阶段,而这个发育过程的速度(在水分条件满足的情况下)取决于热量条件,温度越高发育越快,生育期越短。因此,农业气候区划划分时以热量条件为第一指标,其次是水分条件,还要参考其他气候、地理因素和调查访问情况来进行综合分区。

三、气候区的划分

　　将温度生长期、水分生长期等值线相叠加,参考≥10℃积温、自然降水、生长季降水的地区分布等因素,将肇州县划分为两个气候区,南部属第一农业气候区,北部属第二农业气候区(图 4.1)。

四、气候区划指标及评述

1. 第一农业气候区

　　本区包括肇州镇、托古乡、双发乡、永乐镇、新福乡和乐园牧场等。

　　该区总的特点是:积温较高,春季回暖早,秋霜较迟,一般年份早霜危害不大,从气候条件来看,在作物布局上可作为玉米、高粱主栽区,在品种布局上适宜种植中晚熟高产品种。本

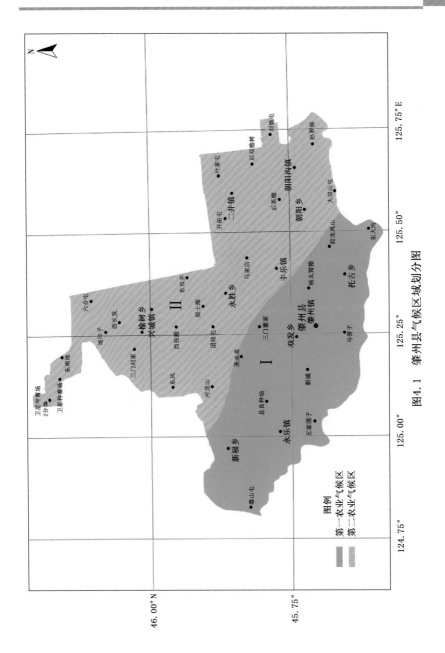

图4.1 肇州县气候区域划分图

区西北部以气候和土壤条件相结合适宜甜菜和葵花的生长，可作为糖油主产区。

2. 第二农业气候区

该区包括卫星牧场、榆树乡、兴城镇、永乐镇、丰乐镇、二井子镇、朝阳乡、朝阳沟镇。

该区总的特点是：常有春旱，与南部相比：回暖晚，土壤解冻迟，一般年份春播开始时间比南部晚 5 天左右。且秋霜较早，易受早霜之害。因热量条件差，除玉米、高粱等应选育早熟高产品种外，可多种植小麦、大豆等作物。应力争适时早播，促早熟，防早霜，夺高产。此外，该区有大量的牧草资源，草质较好，有利于畜牧业的发展，因此该区应是农林牧副业合理布局，全面发展。

第五章　主要农作物气候指标

在前面几章我们着重对肇州县气候资源进行了分析,在本章中我们将着重于农业气候指标的确定和农作物各生育期的热量条件进行分析。根据农业生产的要求,针对农业生产中存在的问题,来衡量农业气候条件的利弊程度,确定农业气候指标,为充分合理利用气候资源和减轻气象灾害的影响提供科学依据,为农业结构调整提供战略决策依据。

肇州县主要作物农业气象指标(表 5.1～表 5.3)

表 5.1　玉米农业气象指标

生育期	农业气象指标
播种—出苗	五日平均气温上升到 7℃即可播种,播种后天气高于 9℃有利于出苗,出苗后雨量在 20 毫米,土壤湿度在 20%～30%有利于幼苗生长
出苗—抽雄	气温在 18～20℃以上,雨量在 60～80 毫米,土壤湿度 25%～30%有利生长
抽雄—吐丝	此期是需水最多的时期,开花授粉适宜湿度在 25%～28%,最高不得高于 32%,雨量在 70～120 毫米。土壤湿度在 28%～35%,相对湿度 75%,光照在每天 8～12 小时。开花期要求晴朗微风

续表

生育期	农业气象指标
灌浆—收获	天气多晴,少雨,气温在 20～25℃。日照充足,昼夜温差大,有利成熟。雨量在 60～80 毫米为宜,土壤湿度在 20%～30%,有利于田间作业

表 5.2　大豆农业气象指标

生育期	农业气象指标
播种—出苗	五日平均气温稳定达到 6～7℃,土壤化冻 15～20 厘米时可播种。日平均气温 12～18℃,土壤湿度 25%～35%有利于出苗
出苗—开花	出苗后经 40～45 天开花,此期是需水关键期;雨量在 100～180 毫米为好。在开花前 10 天左右能有一场透雨为最好。光照充足,每天在 9～10 小时,相对湿度在 70%～80%
开花—结荚	雨量对产量的影响很大,温度在 15～20℃。光照在每日 10 小时以上,土壤湿度大于 30%对生长有利
结荚—成熟	多晴天,或小雨天气,对成熟有利。气温 15～18℃,每日光照在 7～8 小时,可促使早熟,籽粒饱满。相对湿度在 70%～75%不裂荚,土壤湿度适宜田间作业

表 5.3　小麦农业气象指标

生育期	农业气象指标
播种—出苗	发芽最低温度为 0～2℃,土层化冻 4～5 厘米深。日平均气温连续两天在 0℃以上,开始播种。日平均气温连续五天稳定在 0℃以上可进入播种盛期。从播种到出苗需要积温 120～130℃·日。土壤湿度在 20%～30%为佳

续表

生育期	农业气象指标
分蘖—拔节	要有透雨,气温在15℃左右,每日光照在8小时以上。土壤湿度在20%～30%对分蘖和幼穗分化有利
抽穗—开花	天气晴朗,光照充足,微风,日平均气温在18～20℃。土壤含水量在25%～30%,空气湿度在50%～80%有利
灌浆—成熟	雨量:110～160毫米,每日光照在9小时以上,气温在20℃左右,天气晴好。土壤湿度在20%以下,有利于成熟和收获

第六章　合理利用气候资源的建议

为使肇州县的气候资源在为农业生产过程中充分发挥效益,尽可能地减轻或减少气象灾害带来的不利影响,保证肇州县农业经济稳定协调发展,从气候和气候变化角度提出如下几点合理利用和保护肇州县气候资源的建议:

1.根据已开发的气候资源,因地制宜,建设好优质农业生产基地。根据农业气候区划合理布局农业和牧业,调整种植结构,努力使气候资源优势充分转化为农业产品优势。

2.根据气候资源,因地制宜规划农林牧等综合经济,发展区域经济。

3.积极推广各种农业实用技术和人工方法,扬长避短,趋利避害,提高有限气候资源的利用率。

4.坚持搞好营林护林和生态建设工作,防止土壤沙化,逐步提高肇州县的森林覆盖率,保障生态环境的良性循环。

5.积极应对低温冷害,要提高防御气象灾害的能力,认真对待肇州县农业生产中面临的两个主要气象灾害:低温冷害和旱涝灾害。要充分利用有限的气候资源,防御低温冷害。适时早播,春种秋防,力争一次播种保全苗。在平均气温稳定通过 0℃,土壤融化 3～5 厘米,早期野草莓展叶,蒲公英出土,清明过一候(5 天)忙种麦;稳定通过 5℃,车前子展叶,蒲公英展叶盛期,羊角葱叶长达 16 厘米以上,土壤化冻 30 厘米以上,谷雨后立夏前播种大豆、谷子正适时;稳定通过 8℃,土壤融化 40 厘米,紫丁香开花,车前子展叶盛期,立夏过一候播种玉米正适宜。

6.由于肇州县行政版图位于高纬度地区,四季冷暖干湿分明,春秋季节多风少雨,全县境内水分条件都较差,同时肇州县全境为冲积平原,地势平坦,没有局地小气候,热量条件比较充足,必须根据各气候区的积温状况培育或引进适宜早熟、高产、耐寒的作物品种。可以采用地膜覆盖保墒,育苗移栽等技术延长生育期;大棚种植调节小气候等方法。造农田防护林,改善田间小气候,改善农田的温湿效应。

7.积极应对旱涝灾害,充分发挥水利工程设施的作用,提高旱涝灾害的防御能力,力争做到旱能灌、涝能排;充分发挥人工影响天气在抗旱工作中的作用。

参考文献

中国气象局.2003.地面气象观测规范[M].北京.气象出版社.

彭广,马力.2016.气候影响评价[M].北京.气象出版社.

李爱贞,刘厚凤.2004.气象学与气候学基础[M].北京.气象出版社.

寿绍文,励申申,王善华,等.2002.天气学分析[M].北京.气象出版社.

刘健文,郭虎,李耀东,2005.析预报物理量计算基础[M].北京.气象出版社.